这本书属于：

图书在版编目（CIP）数据

灵感·禅意：50款曼陀罗图案减压涂绘本 / 刘梦星译. —北京：华夏出版社，2015.2（2015.7重印）
（涂绘减压系列）
书名原文: Inspiration ZEN 50 mandalas anti-stress
ISBN 978-7-5080-8146-5

Ⅰ. ①灵… Ⅱ. ①刘… Ⅲ. ①心理压力–心理调节–通俗读物 Ⅳ. ①B842.6-49

中国版本图书馆CIP数据核字(2014)第124786号

Inspiration Zen: 50 mandalas anti-stress
© Dessain et Tolra / Larousse 2013
版权所有，翻印必究。
北京市版权局著作权合同登记号：图字01-2014-0860

灵感·禅意：50款曼陀罗图案减压涂绘本

译　　者	刘梦星
责任编辑	尾尾鱼
美术设计	殷丽云
责任印制	刘　洋

发行出版　华夏出版社
经　　销　新华书店
印　　刷　北京睿和名扬印刷有限公司
装　　订　北京睿和名扬印刷有限公司
版　　次　2015年2月北京第1版　2015年7月北京第3次印刷
开　　本　787×1092　1/16开
印　　张　4
定　　价　35.00元

华夏出版社　　地址：北京东直门外香园北里4号　邮编：100028
　　　　　　　网址：www.hxph.com.cn　电话：（010）64663331（转）
若发现本版图书有印装质量问题，请与我社营销中心联系调换。

涂绘减压系列 1

灵感·禅意

50款曼陀罗图案减压涂绘本

50 mandalas
anti-stress   inspiration ZEN

华夏出版社
HUAXIA PUBLISHING HOUSE

如何从曼陀罗中寻得禅意？

曼陀罗的概念源自印度教。它既有具体的形象，又有抽象的含义，并承载着冥思。它能使人放松，平静内心，最后达到无所求的状态。曼陀罗的形状较为规则，周边的几何图案总是围绕中心一点，向四周发散。所有的曼陀罗都呈同心发散形状，其中心总会成为我们视线的焦点。

书中介绍的曼陀罗工作法包括：涂色、绘画、凝视。

本书提供了50款曼陀罗素描图案。你可以任选一幅，然后专注其中。填涂时没有什么一定要遵守的规则：可以使用水彩笔、彩色铅笔、水粉、蜡笔，一切由你选择的颜色决定。一笔一笔涂下去，你会逐渐感到内心平和。很快，你的脑海中就不再有杂念，完全沉浸在填涂中，你的心灵和眼睛里也只剩下这些曼陀罗的颜色和图案了。多美好的放松方式！

　　你还可以用铅笔在书中绘制曼陀罗图案。按照书中给出的同心圆和直线的轨迹描绘，借助直尺或圆规，确保所有的形状、图案都围绕中心旋转。书中有6幅图画只有最初的几笔，你可以借此开始，充分发挥想象力，完成这些图案。

　　而凝视曼陀罗图案则可以更充分地集中精神，展开冥想。完成涂绘后，从书中选出最喜欢的图案，裁剪下来，找一个安静的角落细细凝视，让思绪逃离每天日常生活中的琐碎。凝视一段时间后，你会感到肌肉正在缓缓放松，身心也逐步变得平静、和谐。

　　随身携带曼陀罗涂绘本，每天填涂5~10分钟，就能使你的身心放松下来！

随意画完这幅图，任想象自由发挥……

用其他同心图案和几何图案填充整个画面。如有需要，可以使用圆规、直尺等工具。

将点连成线，描画出轮廓，之后自由创作，完成这个同心图案。

充分发挥你的想象力,继续完成这些线条和几何图案。

充分发挥你的想象力,继续完成这些线条和几何图案。

充分发挥你的想象力,继续完成这些线条和几何图案。

图片来源：

Couverture : © coll. Istockphoto/Thinkstock p. 1 : © coll. iStockphoto/Thinkstock; p. 4 : © coll. iStockphoto/Thinkstock; p. 5 : © coll. iStockphoto/Thinkstock; p. 6 : © elic/Shutterstock.com.; p. 7 : © Kozyrina Olga/Shutterstock; p. 8 - 9 : © Shumo4ka/Shutterstock.com; p. 10 - 11 : © Markovka/Shutterstock.com; p. 12 - 13 : © Mirinka/Shutterstock.com; p. 14 : © Transia Design/Shutterstock.com; p. 15 : © svaga/Shutterstock.com; p. 16 : © Markovka/Shutterstock.com; p. 17 : © Real Illusion/Shutterstock.com; p. 18 : © coll. iStockphoto/Thinkstock; p. 19 : © blue67design/Shutterstock.com; p. 20 - 21 : © coll. iStockphoto/Thinkstock; p. 22 : © ka_akotsya/Shutterstock.com; p. 23 : © Emila/Shutterstock.com; p. 24 - 25 : © Markovka/Shutterstock.com; p. 26 : © Markovka/Shutterstock.com; p. 27 : © coll. iStockphoto/Thinkstock; p. 28 : © coll. iStockphoto/Thinkstock; p. 29 : © coll. iStockphoto/Thinkstock; p. 30 - 31 : © coll. iStockphoto/Thinkstock; p. 32 - 33 : © coll. iStockphoto/Thinkstock; p. 34 : © coll. iStockphoto/Thinkstock; p. 35 : © coll. iStockphoto/Thinkstock; p. 36 - 37 : © Markovka/Shutterstock.com; p. 38 : © coll. iStockphoto/Thinkstock; p. 39 : © coll. iStockphoto/Thinkstock; p. 40 : © coll. iStockphoto/Thinkstock; p. 41 : © coll. iStockphoto/Thinkstock; p. 42 : © coll. iStockphoto/Thinkstock; p. 43 : © coll. iStockphoto/Thinkstock; p. 44 : © coll. iStockphoto/Thinkstock; p. 45 : © coll. iStockphoto/Thinkstock; p. 46 : © coll. iStockphoto/Thinkstock; p. 47 : © coll. iStockphoto/Thinkstock; p. 48 - 49 : © pingvin_house/Shutterstock.com; p. 50 : © coll. iStockphoto/Thinkstock; p. 51 : © coll. iStockphoto/Thinkstock; p. 52 : © coll. iStockphoto/Thinkstock; p. 53 : © coll. iStockphoto/Thinkstock; p. 54 : © krishnasomya/Shutterstock.com; p. 55 : © coll. iStockphoto/Thinkstock; p. 56 : © coll. iStockphoto/Thinkstock; p. 57 : © coll. iStockphoto/Thinkstock; p. 58 : © coll. iStockphoto/Thinkstock; p. 59 : © coll. iStockphoto/Thinkstock; p. 60 : © Real Illusion/Shuterstock.com; p. 61 : © daniana/Shutterstock.com; p. 62 - 63 : © coll. iStockphoto/Thinkstock

华夏出版社微信平台

新浪微博：@华夏出版社

闲时光微信平台

闲时光公共邮箱：leisuretime@qq.com
QQ群：108287624（闲时光手作小组）
微博：@闲时光－手作
微信公众号：闲时光